Asokan Subramanian
Thiyagesan Krishnamoorthy
Kanakasabai Ramalingam

Repartição de recursos entre as aves insectívoras

Asokan Subramanian
Thiyagesan Krishnamoorthy
Kanakasabai Ramalingam

Repartição de recursos entre as aves insectívoras

Imprint

Any brand names and product names mentioned in this book are subject to trademark, brand or patent protection and are trademarks or registered trademarks of their respective holders. The use of brand names, product names, common names, trade names, product descriptions etc. even without a particular marking in this work is in no way to be construed to mean that such names may be regarded as unrestricted in respect of trademark and brand protection legislation and could thus be used by anyone.

Cover image: www.ingimage.com

This book is a translation from the original published under ISBN 978-620-2-02789-2.

Publisher:
Sciencia Scripts
is a trademark of
Dodo Books Indian Ocean Ltd. and OmniScriptum S.R.L publishing group

120 High Road, East Finchley, London, N2 9ED, United Kingdom
Str. Armeneasca 28/1, office 1, Chisinau MD-2012, Republic of Moldova, Europe
Printed at: see last page
ISBN: 978-620-8-09690-8

"PARTILHA DE RECURSOS ENTRE TRÊS AVES INSECTÍVORAS NA REGIÃO DELTAICA DE CAUVERY, TAMIL NADU, ÍNDIA"

Asokan. S, Kanakasabai. R e Thiyagesan, K

Antigos professores de Zoologia e Biologia da Vida Selvagem, AVC College (Autónomo),

Mayiladuthurai- 609305

ÍNDICE DE CONTEÚDOS

"PARTILHA DE RECURSOS ENTRE TRÊS AVES INSECTÍVORAS NA REGIÃO DELTAICA DE CAUVERY, TAMIL NADU, ÍNDIA"
Asokan. S, Kanakasabai. R e Thiyagesan, K
Antigos professores de Zoologia e Biologia da Vida Selvagem, AVC College (Autónomo),
Mayiladuthurai- 609305

Introdução

As aves constituem uma componente importante dos agro-ecossistemas, que lhes fornecem uma fonte concentrada e altamente previsível de alimentos sob a forma de grãos, sementes, frutos, vegetação verde das plantas cultivadas e gramíneas, insectos, outros artrópodes, roedores, etc., que se encontram no solo, nas culturas e noutras plantas. Na Índia, especialmente nas áreas cultivadas de Tamil Nadu e Punjab, há uma variedade de aves, incluindo insectívoros, granívoros, frugívoros, carnívoros, nectarívoros e carnívoros. Recentemente, a importância das aves insectívoras tem sido alvo de grande atenção, especialmente como biocontrolo de pragas agrícolas.

O distrito de Nagapattinam, Tamil Nadu, no sul da Índia, onde o presente trabalho foi realizado, é considerado o "celeiro do sul da Índia", o que é compreensível devido às suas vastas áreas agrícolas, onde a gestão das pragas de insectos é problemática, o que leva à adoção de várias estratégias para a ultrapassar. Ultimamente, a utilização de controlos biológicos tem sido uma componente importante das estratégias de gestão integrada das pragas (GIP). Como tal, a nossa compreensão do papel ecológico das aves insectívoras neste ecossistema torna-se uma componente essencial. Além disso, a compreensão das formas como as aves exploram os recursos disponíveis, na sua procura de alimento e de abrigo, é importante para prever as consequências das alterações do ambiente provocadas pelo homem.

O papel das aves como controlos naturais está bem documentado nos ecossistemas agrícolas e florestais. Franz (1961) citou 229 referências para ilustrar que as aves, juntamente com os morcegos insectívoros, os pequenos mamíferos, os micróbios e os insectos predadores, ajudam a manter as populações de insectos pragas a níveis endémicos ou exercem algum controlo durante a fase inicial de um surto. Foi afirmado que, se o surto de insectos ocorrer quando as populações de aves insectívoras se encontram em densidades suficientes, as aves tendem a concentrar-se nas áreas do surto e a amortecer, conter ou possivelmente eliminar as perdas. De acordo com DeGraaf e Evans (1979), podem ser obtidos benefícios adicionais se os predadores naturais forem utilizados para controlar as pragas como agentes de controlo biológico. Isto pode eliminar ou reduzir a extensão do problema da resistência aos pesticidas e o perigo ambiental da aplicação de pesticidas ajudará a amortecer as epidemias de insectos.

O pequeno abelharuco verde *Merops orientalis* tem sido considerado como tendo um papel significativo no controlo de pragas de insectos agrícolas nas terras de cultivo do Sul da Índia. Apesar da sua importância indubitável nos ecossistemas agrícolas, os relatórios sobre a sua ecologia são poucos e esporádicos (Ali 1979, Ali e Riley 1983, Joshua e Johnsingh 1988, Sridhar e Kharanth 1993), embora existam relatórios extensos sobre os seus homólogos, os abelharucos europeus (Fry1984, Lessells e Krebs1989). Assim, no presente estudo, foi feita uma tentativa de estudar as suas flutuações populacionais, estratégias de alimentação e reprodução, a fim de preencher a lacuna no nosso conhecimento e, sem dúvida, será um grande passo no planeamento de estratégias de gestão de pragas agrícolas.

Um aspeto importante das aves insectívoras diz respeito aos factores do seu número e riqueza. Vários investigadores têm defendido o conceito geral de que as aves selecionam os habitats com base na estrutura da vegetação ou na fisionomia do habitat.

As densidades populacionais das aves podem também ser influenciadas pela influência

singular ou interactiva da predação, da competição intra e interespecífica por recursos,

dos parasitas e doenças, da disponibilidade de habitat e das condições meteorológicas.

A magnitude da influência destes factores pode variar de importância em função da

área geográfica, dos hábitos alimentares e do estatuto migratório das aves. Faltam

investigações sobre a relação entre os factores acima mencionados e as flutuações

populacionais de aves insectívoras na península indiana. Assim, no presente estudo,

foram avaliadas as flutuações populacionais em função da estação do ano e do habitat,

em conjunto com outros factores que as influenciam

Um outro aspeto importante das aves insectívoras é a sua ecologia de alimentação e os

nossos conhecimentos actuais sobre as aves indianas baseiam-se em grande parte nos

resultados de Ali (1979) e Ali e Ripley (1983), Mason e Maxwell-Lefroy (1912) citados

por Narang et al (1978). Ali (1979) e Ali Ripley (1983) apresentaram uma descrição

geral dos hábitos alimentares de *M. orientalis*. Os autores acima referidos analisaram

a alimentação de 100 espécies de aves recolhidas em Puna, Bihar. Os seus resultados

acrescentaram informações valiosas sobre a alimentação das aves nas províncias

centrais. Os estudos acima referidos centraram-se principalmente na avaliação

qualitativa dos hábitos alimentares das aves. Mukherjee (1976) foi talvez o primeiro

na Índia a efetuar uma avaliação quantitativa da alimentação das aves. Percebendo que

a informação sobre a disponibilidade de alimentos é importante para compreender a

história das aves, Hutto (1990) fez uma leitura de uma dúzia de revistas ecológicas e

ornitológicas publicadas desde 1978, localizando 155 revistas sobre aves terrestres que tratavam especificamente da relação entre a oferta de alimentos e padrões ecológicos, tais como a época dos ciclos anuais, a territorialidade, a seleção do habitat e a localização do território, a dieta, os sistemas de acasalamento, o tamanho da ninhada, o sucesso reprodutivo, o tamanho da população, a distribuição geográfica e a estrutura da comunidade.

A análise do orçamento de actividades tem sido útil para determinar as adaptações ecológicas, fisiológicas e comportamentais das espécies de aves. A análise do orçamento temporal permite avaliar as relações temporais do comportamento relativamente à componente e à estrutura do habitat. As alterações nos orçamentos de atividade ao longo do tempo são frequentemente utilizadas para determinar diferenças sazonais de comportamento. Estes estudos são também utilizados para estudar o tempo passado a procurar alimento e a abundância relativa de alimentos. Com base nestas considerações, o orçamento temporal do pequeno abelharuco verde, *M. orientalis,* foi também compilado atualmente.

Um grémio pode ser definido como um grupo de espécies que exploram a mesma classe de recursos de forma semelhante, independentemente da sua posição taxonómica (Root 1967). Uma vantagem do estudo dos grémios consiste em dirigir a atenção para todas as espécies, independentemente da sua semelhança taxonómica, definindo o conjunto de condições necessárias para que uma espécie ou um grupo de espécies exista num determinado tipo de habitat. O pequeno abelharuco verde pertence à guilda dos apanhadores de moscas e os outros membros proeminentes desta guilda na área de estudo são o *drongo* preto *Dicrurus adsimilis* e o gaio azul *Coracias benghalensis.* Como tal, qualquer avaliação significativa da ecologia de forrageamento do abelharuco inclui uma comparação com os membros da sua guilda e, por isso, os comportamentos de forrageamento dos dois membros da guilda de captura de moscas acima mencionados na área de estudo também foram estudados e comparados com os do pequeno abelharuco verde, de modo a compreender a base da separação de nichos.

Recentemente, a importância das aves insectívoras tem vindo a receber maior atenção, especialmente como biocontrolo de pragas agrícolas (Daniels, 1991). Uma vantagem do estudo das guildas é a de dirigir a atenção para todas as espécies, independentemente da sua semelhança taxonómica, definindo o conjunto de condições necessárias para que um grupo de espécies exista num determinado tipo de habitat. O pequeno abelharuco verde pertence à guilda de apanhadores de moscas e os outros membros proeminentes desta guilda na área de estudo são o zangão-preto, *Dicrurus adsimilis* e o gaio-azul *Coracias benghalensis*. Como tal, qualquer avaliação significativa da sua ecologia de forrageamento deve incluir uma comparação com os membros da guilda de captura de moscas na área de estudo. Além disso, ajudar-nos-ia a compreender a base da separação de nichos entre as três espécies de aves acima referidas.

Os relatórios sobre a ecologia de reprodução do pequeno abelharuco verde são escassos Ali (1979), Fry et al (1984), Lessells et al (1991). Jones et al (1991) utilizaram a tecnologia de impressão digital de ADN em conjunto com observações de campo pormenorizadas ao longo de oito anos. Assim, a ecologia de reprodução do pequeno abelharuco verde é pouco conhecida e, por isso, foi também objeto do presente estudo.

ÁREA DE ESTUDO

O presente estudo foi efectuado numa área de 150 km2 em Mannampandal e arredores, Mayiladuthurai, *11°* 18' N; latitude, 79°50' E longitude, no delta de Cauvery de Tamil Nadu, no sul da Índia. A área é dominada por terras agrícolas húmidas, sendo o arroz a cultura predominante. São igualmente cultivadas outras culturas, como a cana-de-açúcar, o amendoim, a banana-da-terra e outros cereais e leguminosas. As plantações de Casuarina, Bambu, Coco, Palmeira, Illupai, Manga, Neem, Peepul, Karuvai, Tamarindo, Kattamani, Adhuthoda, Poovarasau, etc. são comuns na área de estudo. Podem reconhecer-se quatro estações com base na precipitação, nomeadamente a monção (outubro a dezembro), a pós-monção (janeiro a março), o verão (abril a junho) e a pré-monção (julho a setembro). A monção do nordeste traz normalmente chuvas fortes, contribuindo com mais de 60% da precipitação anual para a área de estudo e é o fator decisivo da natureza e extensão das várias estações.

Material e métodos
Biologia de *M. orientalis*
Sistemática:
Filo: Chordata
Classe : Aves
Ordem : Coraciiformes
Tipo: *Merops orientalis*
É uma ave de cor verde-grama tingida de castanho na cabeça e no pescoço. O par central de penas é prolongado em penas rombas, com um bico fino, longo e ligeiramente curvo. Possui um colar preto bem visível. Os sexos são semelhantes e os pares, ou grupos, encontram-se em campo aberto, em fios telegráficos, postes de vedação, etc. (Ali, 1979). Distribuem-se por toda a União Indiana a partir de cerca de 5000 pés de altitude nos Himalaias. É residente e localmente migratório. Podem distinguir-se quatro raças com base na profundidade da coloração. Habita em campo aberto, na vizinhança de culturas, clareiras florestais, pousios, jardins, etc. Faz ataques aéreos atrás de insectos, agarrando-os com o bico e regressando graciosamente em círculos com as asas estendidas até ao poleiro, onde a presa é esmagada até à morte e engolida. A sua alimentação é constituída principalmente por insectos. Produz um tilintar de chapim, chapim ou árvore-árvore-árvore quando está a voar ou no ninho. A época de nidificação decorre, presumivelmente, de fevereiro a maio. Constrói um túnel horizontal ou oblíquo que termina numa câmara de ovos alargada num corte de terra, numa fossa de empréstimo ou num terreno arenoso. Põe 4 a 7 ovos (Ali 1979).

HABITATS DE ESTUDO

Na área de estudo foram demarcados três tipos de habitat: margens do rio, habitações humanas e terrenos agrícolas e, em cada um deles, foi colocada uma parcela de 2000X 100m para estudos intensivos. Os censos de aves foram restringidos a essas parcelas.

O habitat margem do rio é caracterizado pela predominância de vegetação ribeirinha, as habitações humanas incluem áreas com predominância de habitações humanas e as terras agrícolas indicam áreas sob operações agrícolas em que o arroz, a cana-de-açúcar e o plátano são as principais culturas cultivadas.

As populações de abelharucos foram monitorizadas em três habitats pelo método do transecto linear de Gaston (1975). Todas as operações de recenseamento foram efectuadas imediatamente após o nascer do sol e normalmente entre as 6.00 e as 8.00 horas. A dupla contagem foi evitada observando a direção do movimento das aves.

As categorias de insectos disponíveis na zona de estudo foram recolhidas uma vez em cada 15 dias, utilizando uma rede de varredura normal (Pradhan, 1991). Os restos regurgitados dos abelharucos foram recolhidos debaixo dos seus poleiros ou perto dos seus ninhos e analisados segundo os métodos de Herrera e Ramirez (1974). Os restos de presas foram identificados por comparação com as partes duras de ordens de insectos conhecidas (espécimes de museu). Para estudar a relação entre a percentagem de disponibilidade de espécies de presas na dieta e a do ambiente, foi utilizado o índice de Ivlev (1961).

COMPORTAMENTO DE FORRAGEAMENTO DAS AVES

Tipos de poleiros: Os tipos de poleiro das aves foram categorizados como fios eléctricos/fios telegráficos, paredes, árvores, arbustos e outros que incluíam paus e montes acima do nível do solo. A percentagem de utilização dos poleiros acima referidos foi calculada segundo o método de Bell e Ford (1990).

Altura dos poleiros: A disponibilidade de várias alturas de poleiros nos locais de alimentação das aves foi agrupada em 0 a 3 m, 3 a 6 m, 6 a 9 m, 9 a 12 m e 12 a 15 m e a percentagem de utilização foi calculada.

Altura do poleiro: Refere-se à altura a que as aves se empoleiram enquanto se alimentam. As alturas de empoleiramento foram agrupadas em 0 a 3 m, 3 a 6 m, 6 a 9 m, 9 a 12 m e 12 a 15 m e foi calculada a sua percentagem de utilização.

Altura de forrageamento: A altura de forrageamento das aves foi classificada em 0 a 3 m, 3 a 6 m, 6 a 9 m, 9 a 12 m e 12 a 15 m e a percentagem de utilização das diferentes alturas de forrageamento foi classificada

Substrato de forrageamento: Os substratos de forrageamento das aves foram classificados como (a) ar (b) plantas e (c). Alimentação no solo e, em cada caso, foi estimada a percentagem de utilização.

Plantas forrageiras: Observou-se que as aves se alimentavam de insectos encontrados em árvores, arbustos e ervas. Foi estimada a percentagem de utilização das categorias de plantas acima referidas.

Posição de forrageamento nas árvores: A utilização de várias posições nas árvores para a alimentação dos insectos foi classificada como copa, tronco e base, tendo sido calculada a percentagem de utilização de cada categoria.

Altura de forrageamento nas plantas : A percentagem de insectos capturados pelas aves em diferentes categorias de altura das plantas durante a alimentação foi agrupada em 0 a 3m, 3 a 6m, 6 a 9m, 9 a 12m, 12 a 15m e 15 a 18m.

Método de forrageamento: As estratégias de forrageamento das aves foram classificadas em: (a) hawking (b) gleaning e (c) Ground feeding

Amplitude do nicho: A medida de Shannon-Weiner (1949) (H') foi utilizada para calcular as medidas de diversidade. Os valores de amplitude de nicho foram baseados na medida de amplitude de nicho de Levins (1968), utilizando a seguinte fórmula:

$$B = \frac{1}{\sum Pi^2}$$

NICHE OVERLAP

Os valores de sobreposição de nicho entre as variáveis de forrageamento do Abelharuco, do Drongo e do Gaio-azul foram calculados por Shoener (1970) índice = Oxy= 1-1/2 E(Pxa-Pya); Onde Pxa= Proporção de utilização de um recurso pela espécie "x" e Pya= Proporção de utilização de um recurso pela espécie "y"

ANÁLISE DE COMPONENTES PRINCIPAIS

A Análise de Componentes Principais foi utilizada para estudar a partição de nicho/recursos entre três aves insectívoras estudadas. Este método foi utilizado para fatorizar um grupo de 10 caraterísticas comportamentais associadas à caça de insectos dos factores estudados. A rotação Varimax foi utilizada para a extração dos factores. Foram extraídos três factores e as variáveis foram ordenadas e agrupadas pelo tamanho das cargas para facilitar a interpretação. Um critério arbitrário de 0,6 ou mais foi considerado como carga significativa. Para cada componente, as variáveis derivadas com cargas superiores ao critério foram agrupadas e procurou-se um conceito que as unificasse para descobrir a base da separação dos nichos.

ORÇAMENTO DE ACTIVIDADES A TEMPO

O tempo diário de atividade das aves insectívoras foi estudado através do método de amostragem animal focal de Altmann (1974). Foram feitas observações visuais utilizando um binóculo de campo 7X50 em quatro blocos de tempo diferentes de um dia, nomeadamente, das 06:00 às 9:00 horas, das 09:00 às 12:00 horas, das 12:000 às 15:00 horas e das 15:000 às 18:000 horas. Neste estudo, o tempo gasto pela ave em alimentação, voo, repouso e outras actividades foi registado e os dados assim obtidos foram posteriormente convertidos em percentagem de tempo gasto (Hutto 1990).

a.   Alimentação: O tempo despendido pela ave na captura das presas e no seu manuseamento para a câmara bucal

b.   Voar: O tempo passado pela ave em voo, muitas vezes em perseguição de uma presa

c.   Repouso: O tempo passado pela ave em repouso, tanto empoleirada como sentada no chão

d.   Outras actividades: Incluía o tempo despendido pela ave em comportamentos de exibição, manutenção do território, preparação das penas, banho de pó, alerta e comportamento de conforto. O método acima descrito foi seguido para as três aves, nomeadamente o Abelharuco, o Drongo e o Gaio-azul

ECOLOGIA DA REPRODUÇÃO

Os ninhos de abelharucos foram localizados pelo padrão peculiar da entrada da toca (ninho), que invariavelmente continha uma crista caraterística no fundo. Após a localização de um ninho, foram medidos os seus pormenores morfométricos, nomeadamente o diâmetro da entrada do ninho, o comprimento do buraco do ninho e o diâmetro da câmara de criação e a sua altura. As caraterísticas da cavidade do ninho, a morfometria dos ovos, os estádios de reprodução, o crescimento dos filhotes, etc., foram estudados utilizando os métodos padrão prescritos por Janiga (1992).

OBSERVAÇÃO E RESULTADOS

Não são fornecidas aqui informações pormenorizadas sobre a densidade populacional, a disponibilidade de presas, o padrão de atividade e os parâmetros de reprodução das aves, uma vez que o foco principal deste estudo são as estratégias de partilha de recursos entre as três aves.

No total, foram registadas e comparadas 2067 observações sobre o comportamento de forrageamento das aves. Utilização de poleiros: Os pormenores sobre os tipos de poleiros utilizados, a altura dos poleiros e as alturas das aves são apresentados no quadro 1. Os poleiros utilizados incluíam fios eléctricos/fios telegráficos, paredes, árvores, arbustos e outros que incluíam montes acima do nível do solo. Entre os vários poleiros, a utilização de fios eléctricos/ telegráficos foi relativamente elevada (48,59%) do que outros tipos nos Abelharucos e no Gaio-azul (47,28%), enquanto o Drongo utilizou sobretudo árvores como poleiros do que outros tipos de poleiros. As paredes foram usadas 5,70 % vezes pelo Abelharuco, 3. 06% pelo Drongo e 0,70% pelo gaio-azul.

A altura dos poleiros variou de 0,1 a 15 m e, em geral, os poleiros de 6 a 9 m de altura parecem ter sido preferidos por todas as espécies de aves. Os poleiros com menos de 3 m de altura foram utilizados em 8,3% pelo Abelharuco, 18,23% pelo Drongo e 19,96% pelo Gaio-azul. Da mesma forma, a altura dos poleiros das aves variou entre 0 e 15 m e a categoria de altura de poleiro mais preferida foi a de 6 a 9 m para as três aves.

Altura de forrageamento: das várias categorias de altura de forrageamento, os insectos foram principalmente capturados a uma altura de 0 a 3 m acima do nível do solo pelas três aves (quadro 2).

Substrato de alimentação Todas as três aves são predominantemente forrageadoras aéreas, uma vez que a percentagem de utilização do ar foi de 81,19% para o Abelharuco, 71,50% para o Drongo e 62,50% para o Gaio-azul (Quadro 3).

Plantas forrageiras : Entre as árvores, os arbustos e as ervas, a utilização de ervas foi a mais elevada para as três aves. Em geral, a sua utilização foi superior a 57% (quadro 4).

Posição de forrageamento nas árvores: A percentagem de utilização da copa das árvores foi de 40,47% para os Abelharucos, 60,71% para o Drongo e o Gaio-azul utilizou a base até 58,65% para este efeito (Quadro 5).

Altura de forrageamento nas plantas: Das várias categorias de altura das plantas, todas as três aves utilizaram maioritariamente abaixo de 3 m, uma vez que a sua percentagem de utilização foi de 77. 17%, 83,43% e 74,25% para o Abelharuco, o Drongo e o Gaio-azul, respetivamente (Quadro 6).

Quadro 1: Percentagem de utilização de diferentes tipos de poleiro e alturas de poleiro e altura de poleiro categorias do Abelharuco, do Drongo e do Gaio-azul

	Espécies		
Variável	Abelharuco (n=2067)	Drongo (n=584)	Gaio azul (n=571)
1. Tipo de poleiro a. Fios eléctricos/	48.59	37.41	47.28
Fios telegráficos b. Muros	5.70	3.06	0.70
c. Árvores	30.58	38.55	31.87
d. Arbustos	12.57	11.25	15.76
e. Outros	2.51	9.00	4.37
2 . Altura do poleiro			
0-3 m	8.30	18.23	19.96
3-6 m	15.31	10.08	8.40
6-9 m	60.64	49.20	50.61
9-12 m	14.44	22.47	21.01
12-15 m	0.76	0.00	0.00
3 . Altura do poleiro			
0-3m	9.76	17.92	19.61
3-6m	24.97	16.87	11.90
6-9m	59.19	51.14	50.43
9-12m	5.75	14.05	18.03
12-15m	0.25	0.00	0.00

Quadro 2: Percentagem de capturas de insectos em diferentes categorias de altura durante a alimentação pelas três espécies de aves estudadas

Espécies	Altura de forrageamento (m)				
	0-3	3-6	6-9	9-12	12-15
Abelharuco (n=2067)	53.96	39.97	5.51	0.34	0.19
Drongo (n=584)	60.27	35.96	2.74	1.02	0.00
Gaio-azul (n=571)	69.17	28.37	0.30	1.22	0.87

Quadro 3: Percentagem de capturas de insectos nas três categorias de substratos de alimentação pelas três espécies de aves estudadas

Espécies	Tipos de substrato (%)		
	Ar	Plantas	Solo
Abelharuco (n=2067)	81.19	11.94	6.85
Drongo (n=584)	71.50	16.25	12.23
Gaio-azul (n=571)	62.50	28.03	9.46

Quadro 4: Percentagem de capturas de insectos em diferentes categorias de plantas pelas três espécies de aves estudadas

Espécies	Plantas forrageiras		
	Árvores	Arbustos	Ervas
Abelharuco (n=387)	18.08	24.54	57.36
Drongo (n=167)	17.96	18.56	63.47
Gaio-azul (n=246)	10.16	30.89	58.94

Quadro 5: Percentagem de captura de insectos em diferentes posições das árvores pelas três espécies de aves estudado

Espécies	Posições de forrageamento		
	Canopy	Trunk	Base
Abelharuco (n=84)	40.47	38.09	21.42
Drongo (n=28)	60.71	17.85	21.42
Gaio-azul (n=43)	29.26	12.19	58.65

Quadro 6: Percentagem de captura de insectos em diferentes categorias de altura das plantas pelas três espécies de aves quando estas se alimentam de insectos.

Categorias de altura

Espécies	0-3 m	3-6 m	6-9 m	9-12 m	12-15 m	15-18m
Abelharuco (n=368)	77.17	10.59	5.97	4.61	1.63	0.00
Drongo (n=157)	83.43	5.73	4.45	6.36	0.00	0.00
Gaio-azul (n=202)	74.25	18.31	0.99	1.48	2.47	2.47

Quadro 7: Percentagem de utilização de diferentes métodos de forrageamento para a alimentação de insectos pelas espécies de aves estudadas

Método de procura de alimentos

Espécie/	Aéreo	Limpeza	Alimentação no solo
Abelharuco (n=2067)	81.00	10.90	7.99
Drongo (n=584)	76.70	13.80	9.41
Gaio-azul (n=571)	72.30	17.80	9.80

Tabela 8: Valores de respiração de nicho para as três espécies de aves para várias caraterísticas comportamentais de forrageamento

Espécies	Tipos de poleiros	Altura do poleiro	Altura do poleiro	Substrato de alimentação	Altura de alimentação	Alimentação de plantas	Posição de alimentação nas árvores	Altura de alimentação das plantas	Método de alimentação	Períodos de alimentação	Tipos de habitat
	n=5	n=5	n=5	n=3	n=5	n=3	n=3	n=6	n=3	n=4	n=3
Abelha-comedor	2.86 (0.465)	2.38 (0345)	2.35 (0.337)	1.47 (0.235)	2.65 (0.412)	2.37 (0.685)	2.81 (0.905)	1.63 (0.126)	1.48 (0.240)	3.81 (0.936)	2.90(0.950)
Drongo	3.24 (0.560)	2.97 (0.492)	2.92 (0.480)	1.81 (0.405)	2.02 (0.255)	2.13 (0.565)	2.24 (0.620)	1.42 (0.084)	1.62 (0.310)	3.10 (0.700)	2.93 (0.965)
Azul jay	2.84 (0.460)	2.88 (0.470)	2.94 (0.485)	2.09 (0.545)	1.78 (0.195)	2.20 (0.600)	2.57 (0.785)	1.71 (0.142)	1.81 (0.405)	3.87 (0.956)	2.29 (0.645)

Os valores entre parênteses são valores padronizados de amplitude de nicho
Os valores de amplitude de nicho das aves forrageiras mostraram que o Abelharuco e

o Gaio-azul eram mais ou menos semelhantes na sua utilização de poleiros. O

Drongo utilizou uma maior variedade de poleiros do que as espécies

(Quadro 8).

Tabela 9: Valores de sobreposição de nicho entre as três espécies de aves estudadas.

Variável	Abelharuco x Drongo	Abelharuco X Gaio-azul	Drongo x Gaio-azul
Tipos de poleiros utilizados	0.850	0.936*	0.858
Altura do poleiro	0.825	0.823	0.968*
Altura do poleiro	0.835	0.778	0.943*
Substrato de alimentação	0.903*	0.813	0.882
Altura de alimentação	0.926*	0.830	0.897
Método de alimentação	0.956*	0.912	0.954
Utilização do habitat	0.870	0.920	0.940*
Período de alimentação	0.951	0.967*	0.947
Tipo de instalação de alimentação	0.938*	0.920	0.876
Parte da planta de alimentação	0.696*	0.638	0.639
AlimentaçãoSubstrato altura da planta	0.919*	0.915	0.898

Maior sobreposição entre as aves

SOBREPOSIÇÃO DE NICHOS DE FORRAGEM COM O POMBO-PRETO E O GAIO-AZUL

Todas as aves insectívoras cujo comportamento de forrageamento foi comparado, ou seja, o pequeno abelharuco verde, o zangão preto e o gaio azul, eram predominantemente forrageadoras aéreas, uma vez que obtinham 81,10% . 76,10% e 72,30% do seu alimento do ar através da captura de moscas, respetivamente. Isto mostra que todas pertencem à guilda das aves insectívoras que apanham moscas. Isto indica ainda que as suas presas de insectos são praticamente as mesmas. O princípio de Gause (1934), que mais tarde foi refinado como exclusão competitiva (Hardin 1960), afirma que não há duas espécies que possam coexistir indefinidamente na mesma área com necessidades alimentares idênticas. Os ecologistas de aves têm demonstrado frequentemente este facto e Lack (1971) analisou a forma como espécies estreitamente relacionadas que coexistem na mesma área são separadas ecologicamente pela partilha de recursos. As espécies acima referidas devem ter algum tipo de partilha de recursos para poderem coexistir na mesma zona. A partilha de recursos em comunidades de aves é um conceito que tem sido intensamente estudado por muitos autores e o principal objetivo destes estudos é obter a base da separação de nichos. Assim, a base da partilha de recursos nas aves estudadas foi avaliada através da estimativa das sobreposições nas suas caraterísticas comportamentais de forrageamento, nomeadamente tipos e caraterísticas de poleiros, alturas e substratos de forrageamento, plantas de forrageamento, posição de forrageamento nas árvores e métodos de forrageamento. Foram obtidas sobreposições de forrageamento muito elevadas entre as espécies disponíveis, variando entre 0,6348 e 0,969 no que respeita aos parâmetros de forrageamento (quadro 9)

A sobreposição de nichos é a utilização conjunta de um recurso por duas ou mais espécies (Colwell e Futuyma (1971); é a região do espaço de nicho no sentido de Hutchinson 1958), partilhada por dois ou mais nichos contíguos. As elevadas sobreposições entre estas espécies indicam que existe um elevado grau de competição. Miller (1967) afirmou que a competição entre duas espécies depende da quantidade de intersecção que existe entre os nichos fundamentais e que um ou alguns factores-chave podem governar as interações competitivas entre duas espécies, embora o nicho total de qualquer espécie seja uma configuração multidimensional de muitas variáveis. A fim de compreender a base da separação dos nichos, foi efectuada uma análise de componentes principais da variância. . Quando as variáveis do comportamento de forrageamento foram submetidas à análise de componentes principais, foi possível delinear três componentes. O componente I foi as caraterísticas do poleiro (incluindo a altura dos tipos de poleiro e a altura do poleiro). O componente II foi o método de alimentação (método de alimentação e substrato de alimentação) e o componente III foi a altura de alimentação. O Abelharuco diferia das outras duas espécies por utilizar poleiros relativamente mais baixos, obter o alimento mais por meio de voos aéreos e alimentar-se de insectos a alturas comparativamente mais elevadas no ar. Faaborg (1988) afirmou que a separação ecológica de diversos conjuntos de aves é conseguida através de diferenças no tamanho e na forma do corpo, que afectam o tipo de presas capturadas. Da análise precedente, parece que o pequeno abelharuco verde está ecologicamente separado dos outros dois principalmente por diferenças no comportamento alimentar, para além de diferenças evidentes no tamanho do corpo, no tamanho e na forma do bico.

ANÁLISE DE COMPONENTES PRINCIPAIS

A análise de componentes principais reduziu dez variáveis de comportamento alimentar a três componentes principais que representaram 72,09% da variação total no conjunto de dados (Tabela 10). O componente I foi responsável por 35,03% da variação e foi influenciado principalmente pela altura do poleiro, altura do poleiro e tipos de poleiro. Os tipos de substrato de alimentação (plantas) e o método de alimentação (aéreo) influenciaram principalmente a componente II, que representou mais 20,32% da variação. A altura de alimentação contribuiu mais fortemente para o componente III, que representou 16,74% da variação total. Os dados sobre o comportamento de forrageamento de cada ave insectívora foram projectados em três componentes principais, traçando os centróides das pontuações dos factores ao longo do eixo dos componentes principais. As aves foram separadas em três posições que reflectiam os seus diferentes nichos ecológicos no seu ecossistema. O abelharuco foi separado das outras aves pela natureza dos poleiros utilizados para forragear (Componente I), pelo substrato de alimentação e pelo método de alimentação (Componente II) e também pela altura de alimentação (Componente III). A análise sugeriu que os abelharucos utilizavam poleiros mais baixos do que as outras duas aves (Componente I) enquanto forrageavam. Além disso, dependiam mais da alimentação aérea do que as outras duas aves (Componente II) e obtinham os alimentos de alturas comparativamente maiores do que as outras duas aves (Componente III) (Quadro 10).

Quadro 10: Carga dos factores resultante da análise das componentes principais das caraterísticas comportamentais da alimentação das 3 aves insectívoras estudadas.
(As cargas dominantes são indicadas em letras a negrito)

	Factores		
Variável	I	II	III
Altura do poleiro	**0.908**	-0.166	-0.073
Altura do poleiro	**0.899**	-0.127	0.016
Tipo de poleiro (Árvores)	**0.674**	0.090	-0.175
Substrato de alimentação (Plantas)	0.008	**0.812**	0.022
Método de alimentação (Aéreo)	0.115	**-0.713**	0.038
Altura de alimentação	0.136	0.013	**-0.983**
Desvio total Explicado (%)	35.03	20.32	16.74
Acumulado %	35.03	55.35	72.09

DISCUSSÃO

Densidade populacional

As densidades de Be eater mostraram variações em termos de habitat, com as margens dos rios a suportar o maior número de populações, as habitações humanas o menor número e as terras agrícolas no meio. De acordo com Lack (1933, 1937) e Hilden (1965), os animais terrestres procuram os seus habitats em vez de se dispersarem ao acaso e as aves não são exceção. O maior número de abelharucos nas margens dos rios pode dever-se a caraterísticas favoráveis, como um solo adequado para a escavação de ninhos. A influência da estrutura do habitat na distribuição das aves também foi salientada por Anderson (1976). DeGraaf e Wentworth (1986) também referiram uma forte associação entre a medida da cobertura arbórea e a densidade de aves insectívoras. O elevado número de *Cassia occidentalis* nas margens do rio, que são utilizadas para se empoleirar, pode ser outro atrativo para os abelharucos. Além disso, a disponibilidade de locais adequados para a escavação de ninhos é outro fator que contribui para a sua preferência pelos abelharucos. Cody (1968) afirmou ainda que as aves se adaptam a áreas com habitats adequados, que fornecem locais de nidificação, materiais de nidificação, alimentos e proteção contra outras espécies. Os terrenos agrícolas ocupam o segundo lugar, a seguir às margens dos rios, em termos de densidades de abelharucos, provavelmente devido à rica oferta de espécies de insectos, tal como salientado por Lack (1966), segundo o qual o alimento é o fator mais importante para as aves. A menor preferência por habitações humanas em geral pode dever-se à menor disponibilidade de alimentos associada a maiores perturbações humanas. Andrewartha e Birch (1954) referiram o papel do clima, especialmente da temperatura e da precipitação, na distribuição e no padrão de deslocação das aves. (Moss et al 1982) opinou que o clima pode ser importante, quer por si só, quer pelos seus efeitos no fornecimento de alimentos, os animais parecem limitar os seus próprios membros abaixo de qualquer limiar estabelecido pelo clima, alimentação, doença, predação, parasitas, locais para viver.

UTILIZAÇÃO DO POLEIRO
O pequeno abelharuco verde é essencialmente um predador que "senta e espera". Fry (1984) afirmou que "os pequenos abelharucos verdes obtêm o seu alimento através da captura de moscas", escolhendo um poleiro com vista para um espaço ao ar livre onde podem perseguir sem impedimentos qualquer inseto adequado que passe por ali, uma técnica que recentemente foi designada por "alimentação sentinela". As capturas são trazidas de volta para o poleiro, nunca mais do que um inseto de cada vez, para aí serem imobilizadas e consumidas. Trata-se de uma estratégia de "sentar e esperar", e as aves não procuram ativamente os insectos. Só quando se deslocam de vez em quando para outros poleiros de vigia nas proximidades é que se pode dizer que estes abelharucos

estão ativamente envolvidos na caça das suas presas".

O pequeno abelharuco verde utilizava uma variedade de estruturas como poleiros de caça, sendo as mais predominantes os fios telegráficos e eléctricos, pequenas paredes, árvores e arbustos. Os poleiros são considerados importantes para o habitat de muitas espécies de aves, especialmente como um requisito essencial para caçar as suas presas (Bent 1938, Craighead e Craighead 1956). Além disso, a caça com poleiro é considerada como uma caça que requer pouco dispêndio de energia (Wakely 1979). A importância dos poleiros para a caça, o repouso e a alimentação, bem como para outras actividades, foi bem documentada anteriormente por vários investigadores (Forren 1981, Reinert 1984, Askham 1990). A utilização de poleiros para a caça de insectos por espécies de abelharucos já tinha sido referida por Fry (1969), Douthwaite e Fry (1982) e Fry (1984). A caça por procura a partir de poleiros elevados foi descrita para o abelharuco *M. bullocki* por Fry (1969) e para o abelharuco *M.pusillus* por Douthwaite e Fry (1982). Douthwaite e Fry (1982) afirmam que *o M.pusillus* procura presas de insectos a partir de "poleiros elevados e, ao avistar insectos em voo, a ave voa rapidamente na sua direção, agarra-os com a ponta do bico e desliza em arco para o mesmo poleiro". Em seguida, a presa é imobilizada por pancadas e (no caso de uma abelha) desvenenada por uma pancada contra o poleiro em *M.bullocki*. "As observações do presente estudo foram semelhantes aos seus relatórios.

O abelharuco utilizou poleiros de alturas variáveis, mas em geral parece ter preferido poleiros de 6-9 m de altura e tendeu a caçar. Fry (1982) referiu que os poleiros de comando que mal interrompiam as vistas até 200 a 300 m eram os preferidos e afirmou ainda que a altura do poleiro parecia estar dependente do tipo de vegetação rasteira nas áreas de alimentação. Uma altura de poleiro de 6-9 m é a altura óptima que satisfaz os critérios acima referidos na área de estudo e, como tal, a altura de poleiro preferida de *M. orientalis* parece estar de acordo com as conclusões de Douthwaite e Fry (1982) para *M. pusillus*. No entanto, é necessário ter em conta que a natureza e a altura dos poleiros utilizados podem também estar relacionadas com o tipo de presas capturadas e com as suas variações sazonais, tal como referido por Bell (1985 a,b) para os espinheiros

ALTURA DE FORRAGEAMENTO

Os pequenos abelharucos verdes capturaram a maior parte das suas presas de insectos (53,96%) a alturas (altura de forrageamento) de cerca de <3 m acima do nível do solo. Este facto está de acordo com a afirmação de Douthwaite e Fry (1982) de que *M. orientalis* e *M. pusillus* são as duas espécies que se alimentam principalmente mais perto do nível do solo do que qualquer uma das suas congéneres. No entanto, os estudos de Blakers et al. (1984) e Brookers et al. (1990) sobre aves insectívoras mostraram que as aves insectívoras em geral são generalistas em termos de altura. A aparente discordância com a generalização acima referida no que diz respeito a M. *orientalis* no presente estudo pode dever-se à seleção de um tipo específico de presa, ao comportamento alimentar e aos tipos de habitat disponíveis na área de estudo, que são relativamente abertos com vegetação dispersa.

SUBSTRATO DE ALIMENTAÇÃO

O pequeno abelharuco verde era essencialmente um alimentador aéreo, uma vez que 81,19% dos alimentos capturados eram insectos do ar. Este facto está de acordo com as descrições gerais dos abelharucos feitas por Fry (1984) que afirma que os abelharucos em geral são papa-moscas. "No entanto, *M. orientalis* não se desviou dos seus congéneres neste aspeto. A alimentação no solo foi minimizada para *M. orientalis* no presente estudo. Douthwaite e Fry (1982) apresentaram relatos semelhantes para *M. pusillus*, afirmando que os pequenos abelharucos nunca se alimentam do solo. No presente estudo, *M. orientalis* apanhou apenas um inseto por tentativa e, neste aspeto, assemelhava-se a *M. pusillus* (Douthwaite e Fry 1982), mas contrastava com as espécies de camadas, como o abelharuco europeu, o abelharuco de faces azuis e o abelharuco carmim, *M. apiaster, M. persicus e M. nubicus*, respetivamente, que se alimentam no alto, apanhando um inseto após outro em voo contínuo sem regressar ao poleiro (Fry 1984).

SUBSTRATO VEGETAL

Sempre que o pequeno abelharuco verde *M. orientalis* se alimentou de insectos provenientes de substratos vegetais, fê-lo predominantemente a partir de ervas (57,39%) e evitou folhagem densa sob a forma de árvores ou arbustos. Fry (1982) explicou este comportamento de forrageamento dos abelharucos afirmando que os verdadeiros apanhadores de moscas e outros pequenos insectívoros, como os abelharucos, precisam de espaço para se manobrarem e apanharem himenópteros de voo rápido, pelo que evitam a folhagem densa.

SEGREGAÇÃO DE NICHOS/PARTILHA DE RECURSOS:
O estudo indica que todas as três aves se alimentam por via aérea e pertencem à guilda das aves insectívoras que capturam moscas. Isto indica ainda que as presas de insectos são praticamente as mesmas. O princípio de Gause (1934), que mais tarde foi refinado como exclusão competitiva (Hardin 1960), afirma que não há duas espécies que possam coexistir indefinidamente na mesma área com necessidades alimentares idênticas. Assim, as espécies acima mencionadas devem ter algum tipo de partilha de recursos entre si para poderem coexistir no mesmo habitat.

A análise das componentes principais indica que a componente I corresponde às caraterísticas do poleiro (incluindo tipos e alturas de poleiro e alturas de poleiro). A Componente II foi o método de alimentação (substrato de alimentação e método de alimentação) e a Componente III foi a altura de alimentação. Faaborg (1988) afirmou que a separação ecológica em diversas assembleias de aves é conseguida através de diferenças no tamanho do corpo, no tempo de procura de alimento, no comportamento de procura de alimento e na forma, como se verifica no presente estudo.

ORÇAMENTO DE ACTIVIDADES A TEMPO

Comedor de abelhas

Os estudos de orçamento de tempo e atividade quantificam o tempo que os animais dedicam a diferentes actividades. Estes estudos podem também aumentar a nossa compreensão da utilização do habitat e da segregação de nichos entre espécies, porque a seleção natural deve favorecer os indivíduos que melhor distribuem o seu tempo entre cada atividade, habitat e condição climática (Verner 1965, Titman 1981). A atividade dos abelharucos variou significativamente entre habitats e estações. O tempo despendido na alimentação foi influenciado pela interação entre habitats e estações, indicando que a atividade alimentar diferia consoante a estação do ano nos diferentes habitats. As variações de habitat na percentagem de tempo gasto na alimentação podem dever-se a variações na disponibilidade de alimentos. Hutto (1990) afirmou que a disponibilidade de alimentos era o principal fator que causava variações no tempo gasto com a alimentação. . No entanto, os orçamentos de tempo também podem mudar independentemente da disponibilidade de alimentos devido a alterações nos micro habitats (Robinson e Holms 1984), nas estações do ano e no clima (Grubb 1978). As alterações nos orçamentos de atividade são também frequentemente utilizadas para determinar diferenças sazonais de comportamento. As alterações sazonais no comportamento de procura de alimentos das aves foram referidas por Ford et al (1990). No entanto, o autor acima referido adverte que a identificação de alterações sazonais no comportamento de procura de alimentos é apenas o primeiro passo para abrir uma série de questões interessantes sobre os factores que influenciam o comportamento das aves, tais como o papel dos predadores, a fase do ciclo de reprodução, o estádio fenológico da vegetação. Em todos os habitats, os papa-moscas passaram menos tempo a alimentar-se durante o inverno, e a percentagem de tempo gasto em alimentação num dia aumentou regularmente até aos meses de verão, mostrando uma correlação com um aumento do tempo diurno durante esses meses. Bergon et al (1989) também afirmaram que as variações sazonais nas aves podem ser uma resposta ao prolongamento do período fotográfico.

A atividade de voo atingiu o pico durante o verão, enquanto o repouso foi maior nos meses de inverno. Isto mostrou que o padrão de atividade dos abelharucos variava em função da temperatura ambiente, que era geralmente baixa durante as monções e alta durante o verão. Paulus (1980) observou tendências semelhantes para os godwalls, ou seja, uma correlação positiva entre a locomoção e a temperatura e o repouso.

Em geral, os abelharucos apresentaram um padrão bimodal de atividade alimentar, com um pico de manhã e outro ao fim da tarde, em todas as estações e em todos os habitats. O pico matinal foi mais elevado no verão, enquanto o pico noturno foi mais elevado durante os meses de monção, o que significa que as aves podem ser forçadas a alimentar-se mais ao fim da tarde para passarem uma noite relativamente mais longa durante o mesmo período. No entanto, os orçamentos de atividade temporal parecem ser específicos para cada espécie.

COMPARAÇÃO DOS ORÇAMENTOS DE ACTIVIDADES TEMPORAIS DAS TRÊS ESPÉCIES DE AVES

Os orçamentos mensais e diários de atividade das três espécies de aves mostraram variações em função do habitat e da estação, o que indica que estas espécies têm maior flexibilidade para ajustar os seus orçamentos de tempo às variações do habitat e das condições climáticas. As três espécies de aves apresentaram dois picos na sua atividade alimentar, um de manhã e outro ao fim da tarde, talvez devido à sua preferência por insectos semelhantes, ou seja, os insectos que estão activos durante estes períodos. Sjoberg (!985) afirmou que o padrão de atividade de uma ave pode estar relacionado com a atividade da presa. Este facto é confirmado pelo presente estudo.

HÁBITOS DE REPRODUÇÃO DO PEQUENO ABELHARUCO VERDE

O Abelharuco *Merops orientalis* tem uma única cria de março a junho.

a) **Caraterísticas da cavidade do ninho**: Os abelharucos escavam um longo túnel com uma câmara de nidificação terminal em espiral. Algumas espécies utilizam habitualmente falésias verticais para este fim, mas várias outras nidificam habitualmente em terrenos planos, enquanto outras espécies utilizam ambas as situações (Crick e Fry 1980). All e Ripley (1983) relataram que o pequeno abelharuco verde *M. orientalis* constrói um túnel (ninho) de 3-4 cm de diâmetro horizontalmente num monte de terra ou num corte arenoso nos lados de um poço de empréstimo e similares, muitas vezes conduzido obliquamente em terreno arenoso quase plano, isoladamente ou numa colónia dispersa. Os autores (op. cit.) observaram ainda que os túneis dos abelharucos medem geralmente entre meio metro e dois metros de comprimento, terminando numa câmara de ovos alargada, sem revestimento, mas muitas vezes cheia de restos de insectos quitinosos. Também foram registadas caraterísticas semelhantes de cavidades de ninho na área do presente estudo.

No presente estudo, a entrada do ninho tinha um diâmetro médio de 6,33+0,63 cm, enquanto o comprimento do buraco do ninho era de 112,12+21,00cm. Estas medidas são mais ou menos semelhantes às registadas por Ali e Ripley (1983) e Fry (1984). O diâmetro da entrada da toca foi de 3-4 cm, como referido por Ali e Ripley (1983), e de 5-6 cm, como referido por Fry (1984), enquanto o comprimento do buraco do ninho foi referido como sendo de 0,5-2,0 m por Ali e Ripley (1983) e por Fry e Fry (1992). No presente estudo, a câmara de criação de *M.orientalis* tinha um comprimento médio de 15,87+3,26 cm; diâmetro de 8,52 +4,21 cm e altura de 13,13 +5,63cm e as medidas acima eram de 15cm, 12 cm 9cm, respetivamente, de acordo com Fry (1984). Assim, os resultados do presente estudo relativamente à câmara de criação estão mais de acordo com os de Fry (1984). Os ninhos de *M. orientalis* eram abundantes nas margens do rio do que noutros habitats, o que pode dever-se à natureza do solo, ou seja, solo solto e arenoso, adequado para a escavação dos ninhos. Por outro lado, o solo é mais argiloso nas terras agrícolas, o que não é adequado para os abelharucos escavarem os ninhos. Nas habitações humanas, embora o tipo de solo seja mais ou menos semelhante ao das margens dos rios, não se pode esperar que os abelharucos nidifiquem no meio de perturbações humanas. Burton et al. (1994) opinaram que a facilidade de acesso aos ninhos e de saída dos mesmos parece ser o mais importante para as aves e estas não são exceção a esta caraterística. Aumann (1989) sugeriu que a proximidade dos ninhos. A proximidade dos ninhos ao curso de água pode facilitar o acesso à área do ninho, permitir um alerta precoce de intrusos ou pode estar relacionada com a concentração local de presas nessas áreas. Os ecótonos são locais propícios para a caça com elevada disponibilidade de presas (Burton 1992). Assim, a abundância de cavidades para ninhos ao longo das margens do rio pode estar relacionada com os factores acima referidos.

B.   MORFOMETRIA DOS OVOS

Verificou-se que *M. orientalis* põe ovos pequenos com comprimento médio e largura de 2,10+0,01cm; 1,80+0,49 cm e peso de 2,62+0,33g. De acordo com Baker (1934) citado por Fry (1984) e Ali e Ripley (1983), as medidas dos ovos de *M. orientalis*, isto é, o comprimento e a largura médios foram de 1,93 cm (variação de 1,7-2,14 cm) e 1,73 cm (1,58-1,80 cm). As medidas dos ovos no presente estudo estão em total concordância com as dos relatórios anteriores.

C.   TAMANHO DA EMBRAIAGEM

O tamanho da ninhada dos abelharucos varia entre 2 e 5, com uma média de 4,00. Ali e Ripley (1983) relataram que o tamanho da ninhada de *M.orientalis* era de 4-7, com uma média de 6,00. Vários factores podem contribuir para a variabilidade do tamanho da ninhada, nomeadamente a condição ou o estado da fêmea reprodutora, a disponibilidade dos recursos necessários para produzir ovos, a presença de ajudantes no ninho, a altura da postura na estação e a disponibilidade futura prevista de alimentos para alimentar os filhotes (Klomp 1970, Cody 1971, O'Connor 1984), uma vez que o fornecimento de alimentos foi considerado o principal fator determinante do tamanho da ninhada (Lack 1968, Klomp 1970, Blondel et al., 1987). O tamanho inferior da ninhada no presente estudo pode talvez dever-se a uma menor disponibilidade de presas. Dois factores, nomeadamente a disponibilidade de insectos (abundância de insectos no mês anterior à postura) e a precipitação durante o período de 3 meses antes da postura foram responsáveis por 16% das variações no tamanho da ninhada no caso do abelharuco de frente branca (*M.bullockoides*) (Wrege e Emlen 1991). Além disso, em 1992, a área de estudo foi afetada por fortes chuvas que conduziram a um ciclone com consequências de grande alcance na fauna e na flora da área de estudo, o que pode ter tido um possível impacto na fecundidade das aves. Uma vez que não estão disponíveis dados sobre a disponibilidade de insectos na zona de estudo durante os anos anteriores, o que precede é apenas uma especulação. Lessells e Krebs (1989) indicaram que, entre os abelharucos (*M. apiaster*), o tamanho da ninhada estava também relacionado com a idade da fêmea. Além disso, acrescentaram que as fêmeas adultas colocavam ninhadas que eram cerca de meio ovo maiores do que as das fêmeas mais jovens. Atualmente, não foi realizado um estudo sobre o tamanho da ninhada.

D.   SUCESSO DE INCUBAÇÃO

O sucesso global médio de eclosão registado no presente estudo foi de 78,81+33,93%. As perdas de ovos deveram-se principalmente a perturbações humanas. A maioria das espécies de aves antirraciais choca as suas crias de forma assíncrona (Clark e Wilson 1981) porque a incubação começa antes da competição da ninhada e os ovos eclodem durante um período de um ou mais dias aproximadamente pela ordem em que foram postos (Haftorn 1981, Zach 1982, Blank e Nolan 1983, Braun e Hunt 1983, Mead e Morton 1985). Em seis espécies tropicais para as quais se conhece a sincronia de incubação e eclosão, todas parecem iniciar a incubação parcial com o primeiro ovo, e os ovos sucessivos eclodem em intervalos de aproximadamente 24 horas (Dyer 1979, Fry 1984 e Wrege e Emlen 1991). Durante o presente estudo também se verificou que a sequência de incubação e eclosão era assíncrona. Além disso, verificou-se que os recém-nascidos tardios morriam em muitos casos. No abelharuco de frente branca, *M. bullockoides*. Wrege e Emlen (1991) também observaram que a eclosão era assíncrona. Este facto aumentou a capacidade de os filhotes mais velhos monopolizarem as reservas limitadas de alimentos e resultou na morte selectiva dos filhotes mais pequenos em primeiro lugar. Esta redução da ninhada, associada à capacidade de os filhotes diminuírem a sua taxa de desenvolvimento em resposta ao stress alimentar, é considerada uma adaptação para fazer face à variação imprevisível da oferta de alimentos com que estas aves se deparam habitualmente (Wrege e Emlen 1991).

E.   SUCESSO DE LANÇAMENTO

A média geral de sucesso de ninhada de *M.orientalis* foi de 79,13+25,45%. Estes valores foram relativamente mais elevados do que os registados para *M.bullockoides* (41%) por Wrege e Emlen (1991). Isto mostrou que o tamanho mais baixo da ninhada de *M.orientalis* no presente estudo foi compensado por um sucesso de fuga relativamente elevado, garantindo assim o sucesso reprodutivo global desta espécie. Além disso, Lessells e Krebs (1989) relataram que o nascimento, como no caso de *M.apiaster* ou quase, é tão assíncrono quanto a eclosão, sendo que o último filhote a sair do ninho emplaca cerca de 32 dias após a eclosão do filhote e 28 dias após o último, em uma idade independente da assincronia de eclosão. No caso de *M.orientalis*, o nascimento ocorreu entre 25 e 28 dias. Lessells e Krebs (1989) referem que os abelharucos continuam a alimentar as crias mesmo depois de terem fugido, uma vez que a captura de insectos que voam rapidamente é uma habilidade que pode requerer tempo para ser adquirida e, como tal, as crias de abelharucos presumivelmente continuam a depender dos pais durante algum tempo depois de terem fugido.

F.   MORFOMETRIA DO FILHOTE E CRESCIMENTO DO FILHOTE

A monitorização periódica dos filhotes de *M.orientails* no que diz respeito aos seus pormenores morfométricos, tais como o peso, o comprimento do bico, o comprimento do tarso, o comprimento da cauda, o comprimento da corda da asa, a envergadura da asa e o comprimento total do corpo, revelou alterações progressivas durante o crescimento. O peso dos pintos no primeiro dia era de 2,55+0,21 g, tendo aumentado para 22,28+4,39 aos 26 dias de idade. No entanto, houve uma queda no peso médio dos pintos aos 21-22 dias. Fry et al. (1984) também mostraram uma perda de peso significativa antes da fuga nos filhotes de abelharuco de frente branca, *M. bullockoides* e abelharuco de garganta vermelha, *M. bullock*. Wing (1956) atribuiu essa perda de peso corporal antes do nascimento à perda de calor, à perda das bainhas das penas e à dessecação da polpa das penas. Afirmou ainda que o endurecimento dos ossos e dos tecidos, outras alterações fisiológicas do corpo e uma menor alimentação dos adultos nessa altura podem também contribuir para a perda de peso.

G. LINHAS DE REGRESSÃO POLINOMIAIS

A equação de regressão polinomial, quando ajustada ao peso e ao comprimento da asa dos pintos, indicou que o padrão de crescimento é quase semelhante em todas as três categorias de pintos: "precoce". Os pintos "médios" e "tardios". O desvio médio do peso corporal foi de 0,368+0,057 nos pintos "tardios", ao passo que foi de 0,277+0,067 para os pintos "precoces", o que indica que a hierarquia de tamanhos estabelecida em resultado da assincronia da eclosão foi exacerbada pelas diferenças nas taxas de crescimento dos pintos. Lessells e Avery (1989) registaram observações mais ou menos semelhantes também para os abelharucos europeus.

IMPLICAÇÕES PARA A GESTÃO E SUGESTÕES PARA INVESTIGAÇÃO FUTURA

O presente estudo trouxe à luz uma nova dimensão da ecologia do pequeno abelharuco verde, *M.orientails*, uma vez que ocorrem em grande número nos terrenos agrícolas onde se cultivam em grande escala arroz, cana-de-açúcar, leguminosas, etc., e parecem alimentar-se de uma grande variedade de pragas de insectos. No entanto, na presente investigação, os insectos que servem de presa não foram identificados até ao nível da espécie e, por conseguinte, os estudos nessa linha lançariam definitivamente mais luz sobre este aspeto do pequeno abelharuco verde, *M.orientalis*, ou seja, como agente de biocontrolo contra insectos nocivos da agricultura.

50,   são dadas as seguintes sugestões para a investigação futura sobre esta espécie e a sua gestão:

1.   Identificação de itens alimentares de insectos do pequeno abelharuco verde *M.orinetalis* até ao nível da espécie e a proporção de espécies de insectos agrícolas na sua dieta.

2.   A melhoria do habitat, como a criação de poleiros no meio das culturas, pode ser tentada para atrair mais abelharucos para as terras de cultivo e, assim, possivelmente proteger as culturas contra as pragas de insectos. A avaliação de tal prática pode também ser um potencial para investigação futura.

3.   Também é necessário esclarecer o público local sobre o valor económico desta ave, pois isso contribuirá muito para melhorar a sua população, uma vez que a maioria das perdas de ovos na área de estudo se deve à interferência humana.

RESUMO

O presente estudo trata da ecologia do pequeno abelharuco verde, *Merops orientalis*, numa porção de 150 km^2 da bacia do rio Cauvery, no distrito de Nagapattinam, Tamil Nadu, no sul da Índia. Foi feita uma breve descrição das variações da vegetação e do clima na zona de estudo. Para além da população, foram estudadas a procura de alimento e a reprodução em três tipos de habitat: margens do rio, habitações humanas e terrenos agrícolas.

A densidade populacional do abelharuco variou em função do habitat; as margens dos rios registaram, em média, uma população relativamente elevada (157/km^2), seguida dos terrenos agrícolas (101/km^2) e das habitações humanas (58/km^2).

As densidades médias anuais (em todas as estações) nos três habitats indicaram que as margens dos rios e as habitações humanas apresentavam valores elevados, 123/km^2 e 43/km^2 , em 1992 e 1993, respetivamente. No entanto, a diferença entre os anos não foi estatisticamente significativa. Por outro lado, os terrenos agrícolas registaram uma densidade média significativamente mais baixa em 1991 do que nos outros anos.

Também se registaram variações sazonais (agrupadas em todos os anos) nas densidades de abelharucos, com uma tendência decrescente no verão e nas estações pré-monção nas habitações humanas e uma tendência crescente durante o mesmo período nos outros habitats, nomeadamente nas margens dos rios e nas terras agrícolas. As possíveis razões para estas variações foram discutidas.

Estudos sobre a disponibilidade de diferentes ordens de insectos em três habitats indicaram uma variação em função do habitat; as terras agrícolas em geral apresentam a maior disponibilidade de insectos, as habitações humanas a menor e as margens dos rios registaram uma disponibilidade moderada.

As variações anuais na disponibilidade relativa média de insectos também indicaram a mesma tendência (como acima). No entanto, apenas os coleópteros registaram uma diferença estatisticamente significativa entre os anos no que se refere à disponibilidade relativa nas terras agrícolas em 1993, que apresentavam uma percentagem mais elevada de coleópteros do que em 1992.

Entre as ordens de insectos, nomeadamente Orthoptera, Hemiptera, Coleoptera,

Lepidoptera, Hymenoptera, Odonata e dípteros, a disponibilidade relativa de Hymenoptera mostrou variações sazonais significativas (baixa durante o verão e alta durante a pré-monção) nas margens do rio, os Orthopterans e os dípteros (mais alta durante o verão e mais baixa durante a pré-monção) nas terras agrícolas, enquanto as habitações humanas não tiveram variações sazonais significativas.

No que diz respeito à disponibilidade total de insectos, só foram encontradas variações sazonais significativas nas terras agrícolas; a pós-monção apresentou a maior disponibilidade de insectos e a monção a menor.

As relações entre a densidade de abelharucos e a disponibilidade relativa de insectos em diferentes habitats, durante diferentes estações e em diferentes anos foram analisadas através da análise de correlação (r), que revelou uma correlação significativa em todos os casos.

Os hábitos alimentares de *M.orientalis* foram estudados através da análise dos pellets regurgitados. Os seus pormenores morfométricos, nomeadamente o comprimento médio, a largura e o peso, foram de 1,74+0,28cm, 0,81+0,09cm e 0,91+0,13g, respetivamente. O número médio de presas por pelota foi de 16,67+5,28. Os restos de presas identificados incluem Orthoptera, Hemiptera, Coleopteran, lepidoptera, Hymenoptera, Diptera, Odonata e alguns objectos não identificados. Um exame minucioso da composição dos ovos de *M.orientalis* revelou que os coleópteros constituíam a dieta primária do Abelharuco nos três habitats durante 1992. Os himenópteros foram a dieta preferida em 1993 nas margens dos rios e nas habitações humanas, enquanto os lepidópteros constituíam a maior proporção dos pellets dos abelharucos nos terrenos agrícolas. As ordens de insectos mais frequentes disponíveis nesse habitat. Isto indica que a composição das presas dos pellets está perfeitamente correlacionada com a disponibilidade de insectos em todos os habitats durante a monção de 1992.

As medidas de eletividade de Ivlev mostraram que os abelharucos evitavam os ortópteros na maior parte das vezes e preferiam sempre os himenópteros a outros grupos de insectos. Além disso, a análise mostrou que a preferência alimentar dos abelharucos era Hymenoptera > Diptera > Coleoptera

=Lepidoptera>Odonata>Hemiptera>Orthoptera.

O comportamento de forrageamento do abelharuco, *M. orientails*, foi estudado com referência à utilização de diferentes tipos de poleiros, nomeadamente fios electrónicos/fios telegráficos, paredes, árvores, arbustos e "outros", ar, plantas e solo como substrato de forrageamento e os métodos de forrageamento incluíam a caça, a respiga e a alimentação no solo. Das várias categorias de altura de forrageamento, os insectos foram principalmente capturados a uma altura de 0-3 m acima do nível do solo pelo Abelharuco. Os resultados dos atributos acima referidos foram discutidos.

A análise da sobreposição de nichos do Abelharuco com outros membros da guilda de apanhadores de moscas, nomeadamente o Drongo preto, *Dicrurus adsimilis* e o Gaio azul, *Coracias benghalensis*, indicou as maiores semelhanças de nicho entre o Abelharuco e o Drongo no substrato de alimentação, altura de alimentação, método de alimentação, tipo de planta de alimentação e altura de alimentação nas plantas: entre o Abelharuco e o Gaio-azul no que respeita ao tipo de poleiros e ao período de alimentação e entre o Drongo e o Gaio-azul no que respeita à altura do poleiro, à altura do poleiro e à utilização do habitat.

O orçamento de actividades do pequeno abelharuco verde, no que diz respeito à percentagem de tempo gasto em alimentação, voo, repouso e outras actividades, foi estudado, o que indicou que os abelharucos tinham uma atividade alimentar bimodal com um pico de manhã (06.00-09.00hrs) e um pico à noite (15.00-18.00hrs). Os picos de voo seguiram de perto os picos de alimentação em todas as estações, durante todos os anos e em todos os habitats. Além disso, a análise de variância do orçamento de atividade temporal do Abelharuco revelou que todas as actividades, nomeadamente a alimentação, o voo, o repouso e outras actividades, variavam consoante os habitats, as estações e os diferentes períodos do dia. Foram discutidas as possíveis razões para tais variações.

Uma comparação dos orçamentos de tempo de atividade do Abelharuco com o Drongo e o Gaio-azul revelou que a percentagem de tempo gasto na alimentação e no voo em geral era semelhante à do Abelharuco, o que sugere que se alimentam de tipos de insectos semelhantes.

Foi efectuada uma análise de componentes principais entre as caraterísticas comportamentais de forrageamento das três espécies para compreender a base da separação de nichos. A análise sugeriu que os abelharucos usavam poleiros mais baixos do que as outras duas aves enquanto forrageavam. Além disso, os abelharucos dependiam mais da alimentação aérea do que as outras duas aves; também obtinham alimentos de alturas comparativamente maiores do que as outras duas aves.

A ecologia reprodutora de *M. orientalis* foi estudada no que diz respeito às caraterísticas da cavidade do ninho, à morfometria dos ovos, ao tamanho da ninhada, ao sucesso da eclosão, ao sucesso da fuga e ao crescimento dos ninhegos.

A entrada do ninho tinha um diâmetro médio de 6,33=0,63cm, o comprimento do ninho tinha uma média de 112,12+21,00cm e a câmara de criação tinha um comprimento de 15,87+3,26cm, um diâmetro de 8,52+4,21cm e uma altura de 13,13+5,63cm. O Abelharuco pôs 2-5 ovos, com uma média de 4,00. A média geral de sucesso de eclosão foi de 78,81+33,93% e o sucesso de fuga foi de 79,13+25,45%.Foram estudados os pormenores do crescimento dos borrachos, nomeadamente o peso, o comprimento do bico, o comprimento do tarso, o comprimento da cauda, o comprimento da corda da asa, a envergadura da asa e o comprimento total do corpo. Estes estudos indicaram uma mudança progressiva durante o período de crescimento. No entanto, o peso dos filhotes registou uma ligeira descida antes da fuga, depois de ter atingido o pico de peso corporal no final da 3rd semana. Foram discutidas as possíveis razões para esta perda de peso antes da fuga.As alterações de crescimento do peso corporal e do comprimento da corda da asa dos pintos durante a sua vida no ninho foram ajustadas em equações de regressão polinomial. O padrão de crescimento dos pintos foi examinado em relação à sua posição na sequência de eclosão, ou seja, "precoce", "tardia" e "intermédia", e as equações de regressão mostraram que o padrão de crescimento era semelhante nas três categorias de pintos; a taxa de crescimento relativamente mais elevada nos pintos "precoces" e "intermédios" não foi estatisticamente significativa. Foram discutidas as possíveis razões para as diferenças nos padrões de crescimento. O estudo termina com uma nota sobre as implicações de gestão para o pequeno abelharuco verde, M. orientalis e sugestões para investigação futura.

LITERATURA CITADA

Ali, S. 1979. The book of Indian birds, Bombay Nat. Hist, Soc. Bombay. 186 pp.

Ali, S. e S.D. Ripley. 1983. The book of Indian birds. Oxford University Press, Londres.

Altmann, J. 1974. Estudo observacional do comportamento; Métodos de amostragem. Behaviour 49; 227-267.

Anderson, S.H. 1976 Comparative food habits of Oregon nuthatches. Northwest Sci. 50: 213221.

Andrewartha, H.G e L.C. Birch. 1954. The distribution and abundance of animals. Univ. Chicago Press, Illinois. 782 pp.

Andrewartha, H.G. e L.C. Birch. 1984. The ecological web. Uni.Chicago Press, Chicago.

Askham, L.R. 1990. Efeito de poleiros e ninhos artificiais na atração de aves de rapina para os pomares. In: Pro. Fourteenth Vertebrate Pest Conference, Sacramento, Califórnia. L.R. Davis, (ED) Publ. Univ. Calif. Davis. P1-09.

Aumann, T. 1989. Breeding parameters of the Brown Goshawk Accipiter fasciatus in SouthEastern Australia (Parâmetros de reprodução do açor castanho Accipiter fasciatus no Sudeste da Austrália). Emu 89:112-118.

Avery, M.I., J.R. Krebs e A.I. Houston. 1988. Economia da alimentação no cortejo do abelharuco europeu (Merops apiaster). Behav. Eco. Sociobiol. 23(2): 61-69.

Baker , ECS. 1934. The nidification of the birds f the Indian Empire. Vol. 3: Meropidae. Taylor e Francis, Londres

Bell, H.L. 1985a. The social organization and foraging behavior of three syntopic thornbills Acathiza spp. In: Kest,A., H.F.Recher, H.A. Ford, and Saunders (Eds). Aves de florestas de eucalipto e bosques: Ecology , Conservation, Management. RAOU e Surrey-Beattie, Sydney.P151-163.

Bell, H.L. 1985b. Variação sazonal e efeitos da seca na abundância de artrópodes na floresta de savana nas terras de mesa do norte de Nova Gales do Sul. Aust. J. Eco. 10: 207221.

Bell, H.L. e H.A Ford. 1990. The influence of food shortage on interspecific niche overlap and foraging behavior of three species of Australian warblers (Acanthizidae).

Studies in Avian Biology 13: 381-388.

Bent, A.C.1938. Life histories of north American birds of prey Part 2. U.S.Natl. Mus.Bull. 170. 482 pp.

Bergan, J.F., L.M. Smith e J.J. Mayor. 1989. Orçamentos de atividade temporal de patos mergulhadores que passam o inverno na Carolina do Sul. J. Wildlife . Management. 53: 769-776

Blakers, M., S.J.,.J.F. Davies e P.N. Reilly. 1984. The atlas of Australian Birds RAOU e Melbourne University Press, Melbourne.

Blank, JL. E VJR. Nolan. 1983. O rácio sexual da descendência em aves pretas de asa vermelha depende da idade materna. Actas do Nat. Aca. Of Sci. 80: 6141- 6145

Blondel, J.A. Clamens, P, Cramm, H. Ganbert e P. Isenmann 1987. Estudos populacionais sobre chapins na região mediterrânica. Ardea 75: 35-42

Brooker, M.G., R.W. Braithwaite e J.A. Estbergs, 1990. Foraging ecology of some insectivorous and nectarivorous species of birds in forests and woodlands of the wet-dry tropics of Australia. Emu 90: 215-230.

Braun, B.M. e G.L, Jr. Hunt. 1983. Brood reduction in black legged Kittiwakes. Auk 100: 469-476.

Burton, A.M. 1992. Partição de recursos entre dois açores simpátricos nos trópicos húmidos australianos. Tese de doutoramento, James Cook Uni. Town Ville, Queensland, Austrália.

Burton, A.M., R.A. Alford e J. Young. 1994. Parâmetros reprodutivos do açor cinzento (*Accipita novaehollandiae*) no norte de Queensland, Austrália. J. Zoo, Lond.232: 347-363

Clark, A.B., e D.S Wilson. 1981. Avian breeding adaptations hatching asynchrony, brood reduction and nestling failure . Quart. Rev. Biol. 56: 253- 277

Cody, M.L.1968. Sobre os métodos de divisão de recursos em comunidades de aves herbáceas. Amer.Natur.102:107-147.

Cody, M.L 1971.Ecological aspects of reproduction in birds. In: Biologia Aviária. Vol. I. Farner DS e JR. King (Eds) 462-5-03. Imprensa académica, Nova Iorque

Colwell, R.K.e D.J. Futuyma, 1971. On the measurements of niche breadth and overlap. Ecology 52 (4): 567-576.

Craighead, J.J. e F.C. Craighead. 1956. Hawks, Owls and Wildlife Stackpole Co., Harrisburg, Pennsylvania, Pa.

Crick, H.Q.P e C.H. Fry, 1980. Nidificação ao nível do solo por *Merops bullock* Malimbus 2: 73-74

Daniels, R.J.R. 1991. Island biogeography and the birds of the Lakshadweep Archipelago Indian Ocean. J. Bombay. Nat. Hist.Soc.88(3) 320-328.

DeGraaf, R.M. e K.E.Evans. 1979. Management of north central and north eastern forests for non game birds. Actas do Workshop Minneapolis. Minn., 23-25 de janeiro. USDA para Serv. Rep.Nc-57, North Cent for Exp. Stn. St. Paul. Minn. 268.pp.

DeGraaf, R.M. e J.M. Wentworth. 1986. Avian guild structure and habitat associations in suburban bird communities. Urban Ecology 9: 399-412.

Douthwaite, R.J. e C.H. Fry. 1982. Comida e comportamento alimentar do abelharuco *Merops pusillus* em relação ao controlo da mosca por insecticidas. Biol. Conserv. 23: 71-78.

Dyer, M., 1979. The adaptive significance of co-operative breeding in the red throated Bee eater *Merops bulloki* (Viellot) and other Bee eater (Aves : Meropidae. Tese de doutoramento, Universidade de Aberdeen, Aberdeen.

Faaborg, H.1988. Ornithology - An ecological approach, Prentice Hall, Englewood cliffs, New Jersey. 470 pp.

Ford , H.A., L. Huddy e H. Bell, 1990. Mudanças sazonais no comportamento de forrageamento de três passeriformes em florestas de eucalipto australianas. Estudos em Biologia Aviária 123: 245-253

Forren, I.P. 1981. Utilização de poleiros artificiais por aves de rapina em minas de superfície recuperadas na West Virginia University, West Virginia.

Franz, J.M. 1961. Biological control of pest insects in Europe. Annu.Rev. Entomol. 6: 183-200.

Fry, C.H. 1969. The recognition and treatment of venomous and non-venomous insects by small Bee-eaters. Ibis 111: 23-29.

Fry, C.H.1982. Comportamento de mergulho na água de abelharucos carmim. Ostrich

53 : 244-245.

Fry, C.H. 1984. The Bee-eaters. T and A.D. Poyser, Calton, U.K. 304 pp.

Fry, C.H e Fry, K., 1992. King fishers, Bee eaters and Rollers . A hand book. Christopher Helm. A e C,. Black, Londres.

Fry C.H., M.Dyer e H.Q.P. Crick. 1984. Monitorização do peso dos adultos e dos ninhegos do abelharuco: novas técnicas. Proc. V.Pan-Afr. Orn.Congr. 485-500.

Gaston, A.J. 1975. Estimativa das populações de aves. J. Bombay Nat.Hist.Soc. 84 (2): 275-290.

Gause, G.F. 1934. The struggle for existence. Williams and Wilkins, Baltimore.

Grubb, T.C. 1978. Weather dependent foraging rates of wintering woodlands birds. Auk 95: 370376

Haftorn, S. 1981. Incubação durante o período de postura dos ovos em relação ao tamanho da ninhada e outros aspectos da reprodução no chapim-real *Parus major* . Ornis Scandinavica 12: 169-185

Hardin, G. 1960. O princípio da exclusão competitiva. Ciência 131: 1292-1297.

Herrera, C.M., e A. Ramirez. 1974. Alimentação dos abelharucos no sul de Espanha. Brit. Birds 67: 159164.

Hilden, O. 1965. Habitat selection in birds. Uma revisão de Ann.Zool. Fenn. 2: 53-74.

Hutchinson, G.E. 1958. Observações finais. Cold Spring Harbor Symp. Quant. Biol. 22:415427.

Hutto, R.L. 1990. Measuring the availability of food resources. Studies in Avain Biology 13:2028.

Ivlev, V.S. 1961. Experimental ecology of the feeding of fishes. Yale University Press, New Haven, Connecticut.

Janiga, M. 1992. Allometry of nestling growth in the Feral Pigeon, Columba livia. Ornis Fenn. 69: 141-148.

Jones, C.S., C.M Lessells e J.R. Krebs. 1991. Helpers-at the - nestin European Bee-eater (Merops apiaster): a Genetic analysis In: DNA finger printing: approaches and applications Burke, T., G.Dolf, A.J. Jeffreys and R.Wolff (Eds) Birkhauser Verlag,

Basel, Switzerland. P 169-192.

Joshua, J. e A.J.T. Johnsingh. 1988. Observações sobre aves do planalto de Mundanthurai, Tamil Nadu. J. Bombay nat. Hist. Soc. 85(3): 565-577.

Klomp, H. 1970. A determinação do tamanho da embraiagem nas aves - revisão. Ardea 58: (1): 1-124

Lack, D. 1933. Habitat selection in birds. J.Anim.Ecol. 2 : 239-262.

Lack, D. 1937. O fator psicológico na distribuição das aves. Br. Birds. 31: 130-136.

Lack, D. 1966. Population studies of birds. Oxford Univ. Press, Londres.

Lack, D. 1968. Ecological adaptations for breeding in birds. Methuen and Co. Ltd., Londres

Lack, D. 1971. Ecological adaptations for breeding in birds. Blackwell Scientific publications, Oxford.

Lessells, C.M. 1990. Ajuda no ninho em abelharucos europeus: Quem ajuda e porquê? In: Population biology of passerine birds, an integrated approach. NATO ASI series, Vol G24 (Blondel J., A.Gosler ., J.D. Lelreton ., R.Mc. Cleery (Eds.). Springer - Verlag, Berlim. 357-368.

Lessells. C.M e J.R. Krebs. 1989. Age and breeding performance of European Bee- eaters. Auk 106: 375-383.

Lessells, C.M., N.D, Coulthard, P.J. Hodgson e J.R.Krebs. 1991. Reconhecimento de pintos em abelharucos europeus: experiências de reprodução acústica. Anim. Behav. 42: 1031-1033.

Levins, R. 1968. Evolution in changing environments, Princeton University Press, Princeton, New Jersey.

Mason, C.W. e H.Maxwell-Lefroy. 1912. A alimentação das aves na Índia. Mem. Agr. Dept. India, Entomological series 3: 11-367.

Mead, P.S., e P.L Morten . 1985. Hatching asynchrony in the mountain white Crowned sparrow (*Zonotrichia leucophrys orientha*) a selected or incidental trait ? Auk 102: 781-792

Miller, R.S. 1967. Padrão e processo na competição. Adv. Ecol. Res. 4: 1-70.

Moss, A., A. Watson e J. Ollason. 1982. Estudos gerais em Ecologia: Animal population dynamics. Chapman and Hall, Londres. 80 pp.

Mukherjee. A.K. 1976. Hábitos alimentares das aves aquáticas do Sundarban, distrito de 24 Parganas, Bengala Ocidental, Índia. VI. J. Bombay nat. Hist. Soc. 73: 482-486.

Narang, M.L., A.K. Tyagi e B.S. Lamba. 1978. A Contribution to the ecology of Indian Pied Myna, Sturnus contra contra (Linnaeus). J.Bombay Nat. Hist. Soc. 75(3): 1157-1177.

O' Connor, RJ. 1984. The growth and development of birds . Wiley and Sons, Nova Iorque

Paulus, S.L. 1980. A ecologia invernal do godwall em Louisiana MS. Tese , Universidade do Norte

Dakota, Grand Forks. 357 pp

Pradhan, S. 1991. Agricultural entomology and pest control Indian Council of Agricultural Research, New Delhi. 267 pp.

Reinert, S.E. 1984. Utilização de poleiros introduzidos por aves de rapina: Resultados experimentais e implicações de gestão. Raptor Sci.18.(1): 25-29.

Robinson, S.K., e R.T. Holms, 1984. Effects of plant species and foliage structure on the foraging behavior of forest birds .Auk 101: 672-689

Root, R.B. 1967. O padrão de exploração de nicho do papa-moscas cinzento-azul. Ecol. Monogr. 37:317-350.

Schoener, R.W. 1970. Non-synchronous spatial overlap of lizards in patchy habitats. Ecologia 51: 408-418.

Shannon, C.E. e W. Weiner. 1949. The mathematical theory of communication. University of Illinois Press, Urbana, III. 117 pp

Sjpberg, K. 1985. Padrões de atividade de forrageamento no bomander merganser (*M. serrator*) em relação aos padrões de atividade nas suas principais espécies. Oecologica 67: 35-39.

Sridhar, S. e K.P. Karanth. 1993. Helpers in co-operatively breeding small Green Bee-eater (*Merops orientalis*). Current Sci.65(6): 489-490.

Titman, R.D., 1981. Um orçamento de atividade temporal para a reprodução de patos-reais (*Anas platyrhychus*) em Manitoba. Can. Field Nat. 95: 266-271

Verner , J. 1965. Tempo de vida do macho de bico longo do pântano durante a época de reprodução. Condor. 67: 125-139.

Wakely, J.S. 1979. Uso de métodos de caça por falcões ferruginosos em relação à densidade da vegetação. Raptor Res. 13:116-119.

Wing , LW. 1956, Natural History of birds. (A guide to ornithology) The Ronold Press Co. New York. 346-387.

Wredge, P.H., e S.T. Emlen. 1991. Reproductive success in Bee- eaters. Auk 108: 673-687.

Zach, R. 1982. Hatching asynchrony ,egg size, growth and fledging in tree swallows. Auk 99: 695-700

Buy your books fast and straightforward online - at one of world's fastest growing online book stores! Environmentally sound due to Print-on-Demand technologies.

Buy your books online at
www.morebooks.shop

Compre os seus livros mais rápido e diretamente na internet, em uma das livrarias on-line com o maior crescimento no mundo! Produção que protege o meio ambiente através das tecnologias de impressão sob demanda.

Compre os seus livros on-line em
www.morebooks.shop

info@omniscriptum.com
www.omniscriptum.com

Printed by Books on Demand GmbH, Norderstedt / Germany